电力安全教育可视化手册

施工用电

浙江浙能电力股份有限公司　组编

中国电力出版社

CHINA ELECTRIC POWER PRESS

内 容 提 要

生命至上，安全第一。安全生产由无数细节组成，本丛书针对电厂日常生产过程中检修维护及零星工程施工所涉及的高风险作业以及工器具的使用，通过图片和文字注释方式，系统展示了作业过程中安全工作规范和基本知识要点，力求达到身临其境的"可视化"效果。

本分册主要介绍施工用电分类、施工用电选择和配置、施工用电安全规范、施工用电管理、施工用电相关器件等知识。

本书可供电力工程建设人员及电厂各级安全生产岗位人员培训和学习使用。

图书在版编目（CIP）数据

电力安全教育可视化手册. 施工用电 / 浙江浙能电力股份有限公司组编. — 北京：中国电力出版社，2019.12（2020.6 重印）

ISBN 978-7-5198-4069-3

Ⅰ.①电… Ⅱ.①浙… Ⅲ.①电力工业－安全生产－安全教育－手册 ②施工现场－用电管理－安全教育－手册 Ⅳ.① TM08-62

中国版本图书馆 CIP 数据核字（2019）第 255856 号

出版发行：中国电力出版社
地　　址：北京市东城区北京站西街 19 号（邮政编码 100005）
网　　址：http://www.cepp.sgcc.com.cn
责任编辑：莫冰莹（010-63412526）
责任校对：黄　蓓　李　楠
装帧设计：张俊霞
责任印制：杨晓东

印　　刷：北京瑞禾彩色印刷有限公司
版　　次：2019 年 12 月第一版
印　　次：2020 年 6 月北京第二次印刷
开　　本：880 毫米 ×1230 毫米 32 开本
印　　张：1.375
字　　数：25 千字
印　　数：13001—15000 册
定　　价：20.00 元

编委会

前　言

习近平总书记在党的十九大报告中指出，要树立安全发展理念，弘扬生命至上、安全第一的思想，健全公共安全体系，完善安全生产责任制，坚决遏制重特大安全事故，提升防灾减灾救灾能力。安全是企业生存和发展的基础，更是保障员工幸福的根本，必须把安仝始终置于工作首位，不断强化红线意识和底线思维，提高企业本质安全水平，这是安全生产的初心和使命。

做好安全生产，教育先行，安全教育不忘初心就要切实让教育起到效果，让安全深入人心。本丛书针对电力企业日常生产过程中检修维护及零星工程施工所涉及的高风险作业以及工器具的使用，系统展示了作业过程中安全工作规范和基本知识要点，书中以工程现场实际图片为主体，并加以文字注释，通过图文结合的可视化方式，对工程施工现场作业安全合规与不合规的正反两方面分别进行解读，使安全标准化作业直观易懂，能给阅读者留下深刻印象，是安全管理人员、工程施工人员掌握安全生产相关标准、规范的得力工具。

本丛书共分八个分册，包括：扣件式钢管脚手架作业、高处作业、施工用电、电焊与气焊作业、起重作业、有限空间作业、常用电动工具使用和危险化学品作业。本丛书可供电力工程建设人员及电厂各级安全生产岗位人员培训和学习使用。

本书不足之处，敬请批评指正。

编者

2019 年 12 月

编写说明

　　为便于施工作业人员、生产管理人员掌握施工用电基本知识，规范现场施工电源管理，特编制本手册。本手册内容主要适用于检修作业及零星工程施工用电管理。

　　本手册主要依据 DL 5009.1—2014《电力建设安全工作规程　第 1 部分 火力发电厂》、GB 26860—2011《电力安全工作规程发电厂和变电站电气部分》、GB 50194—2014《建设工程施工现场供用电安全规范》、JGJ 46—2005《施工现场临时用电安全技术规范》、JGJ 59—2011《建筑施工安全检查标准》和 GB/T 3787—2017《手持电动工具的管理、使用、检查和维修安全技术规程》编写。

目 录

一　施工用电设备快速图解

　　电气设备现场周围不得存放易燃易爆物、污源和腐蚀介质，否则应予清除或做防护处置。电气设备设置场所应能避免物体打击和机械损伤，否则应做防护处置。

检修电源箱（二级盘）

单相电源接口（三芯电缆）

三相电源接口（五芯电缆）

负荷信息牌（电源侧）

便携式开关箱至固定电源盘之间电源引线长度不大于 40m

电源线过通道地面加防护

电缆保护槽

上锁管理

专用接地端

电焊机外壳接地线

电焊机

防护垫

透明外壳隔离开关

末级配电箱

每月定期检测记录、线路图

漏电保护器及检验合格标签

N 排与箱体绝缘

三芯电缆（单相）

柜门与箱体跨接线

五芯电缆（三相）

PE 排与箱体不绝缘

负荷信息牌（负荷侧）

（为便于标示，电缆接在前面，通常接在绝缘板后）

卷线电源盘

检验合格标签

漏电保护器

电动工具电源线不得任意接长或拆换；插头不得任意更换或拆除

二 施工用电分类

　　检修作业及零星工程现场施工用电有两类电源：检修电源和临时电源。

❶ 检修电源：从生产区域的专用检修电源箱内的电源接线端子或电源插座上直接接取的电源称为检修电源。

检修电源柜
（二级配电盘）

电源插口

❷ 临时电源：在生产现场因工作需要而从厂用母线的断路器、闸刀开关、动力盘、MCC 柜等电源上临时搭接的电源。

三　施工用电选择和配置

施工用电必须符合下列规定：

（1）采用三级配电系统；

（2）采用 TN–S 接地保护系统；

（3）采用二级漏电保护系统；

（4）实行一机一闸一箱一漏制。

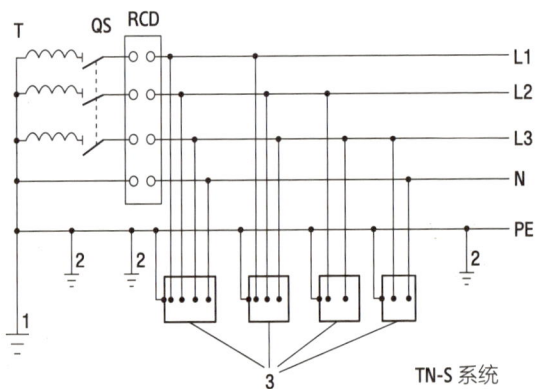

注　1- 工作接地；**2-PE** 线重复接地 ;**3-** 电气设备金属外壳（正常不带电的外露可导电部分）

❶ 一级配电箱应配备计量表、电流电压表、电源总隔离开关、分路隔离开关、保护装置、接地接零排等，漏电动作电流应按干线实测泄漏电流的 2 倍选用，一般可选漏电动作电流值为 300 ~ 1000mA。厂内 380V PC 和 MCC 开关柜视为一级配电箱。

总断路器

总隔离开关

各分路隔离开关

各分路漏电断路器

❷ 二级配电箱应配备电源总隔离开关、分路隔离开关、漏电开关和断路器，电源插座或接线端子排应按规定的位置紧固在绝缘板上，不得歪斜和松动。分配电箱漏电保护器主要提供间接保护，其参数按支线上实测泄漏电流值的 2.5 倍选用，一般可选漏电动作电流值为 100~200mA（不应超过 30mA·s 限值）。厂内检修电源箱视为二级配电箱。

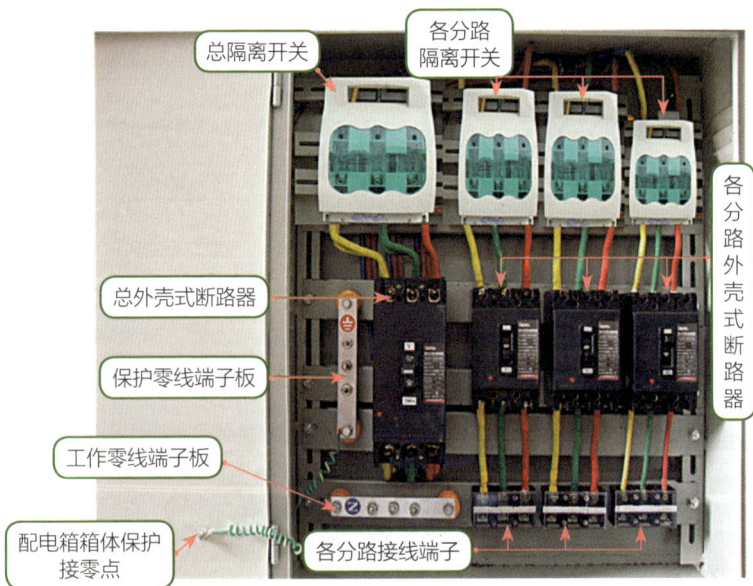

总隔离开关

各分路
隔离开关

各分路外壳式断路器

总外壳式断路器

保护零线端子板

工作零线端子板

配电箱箱体保护
接零点

各分路接线端子

3 三级末端移动开关箱与其控制的用电设备的水平距离不宜超过5m，与分配电箱的距离不得大于40m。电源线采用橡套软电缆线，从分配电箱引出，接入开关箱上闸口。开关箱必须设置隔离开关，漏电保护器（动作电流30mA或15mA，动作时间0.1s），N排、PE排进出线卡，电器元件必须固定在绝缘板上。

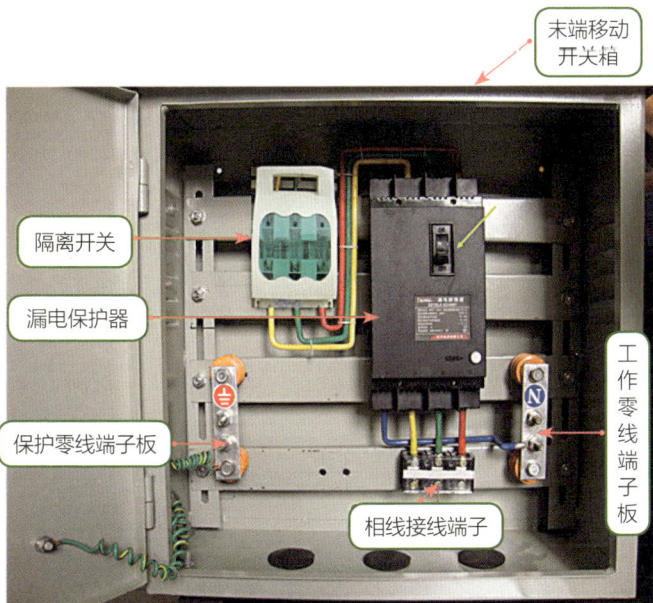

末端移动开关箱

隔离开关

漏电保护器

保护零线端子板

相线接线端子

工作零线端子板

四　施工用电安全规范

　　配电箱、开关箱电源及负荷电缆架空、入电缆沟或桥架进行布置，箱内的电源开关、电器安装牢固，接地、接零标识清晰，箱体警示标语、危险标志、分类编号、线路图清晰完整，箱体完整无脏污，日常运行封闭上锁，表计、漏电保护器定期检测，并将检测结果粘贴在箱体内，电缆连接采用专用线鼻螺接或专用插座式接线方式，方便使用。

1 配电箱、开关箱电源及负荷电缆均采用五芯电缆，现场严禁使用四芯电缆外加一根 PE 线代替五芯电缆。敷设临时低压电源线路，应使用绝缘导线。架空高度室内应大于 2.5m，室外应大于 4m，跨越道路应大于 6m。严禁将导线缠绕在护栏、管道及脚手架上。

绝缘导线，室内架空
高度不小于 2.5m　　　　　　绝缘挂钩

禁止把电线缠绕在
管道和栏杆上

❷ 配电箱、开关箱内的电源开关、电器安装应牢固，不得歪斜松动。连接导线采用绝缘导线，导线按不同颜色标识区分，排列整齐不得有外露带电部位。安装板上必须分别配置专用保护接零的端子板，配电箱、开关箱内的工作零线应通过接线端子板连接。

相色分明、接线规整

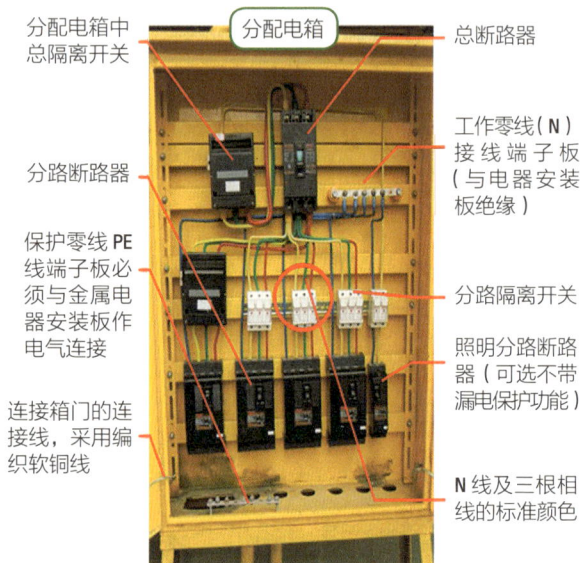

分配电箱中总隔离开关

分配电箱

总断路器

分路断路器

工作零线（N）接线端子板（与电器安装板绝缘）

保护零线 PE 线端子板必须与金属电器安装板作电气连接

分路隔离开关

照明分路断路器（可选不带漏电保护功能）

连接箱门的连接线，采用编织软铜线

N 线及三根相线的标准颜色

禁止使用木质箱体，禁止一个开关控制多个负荷

箱体脏污、罩壳脱落、柜门破损、闸刀开关位置颠倒

简易插排，缺少安全防护措施

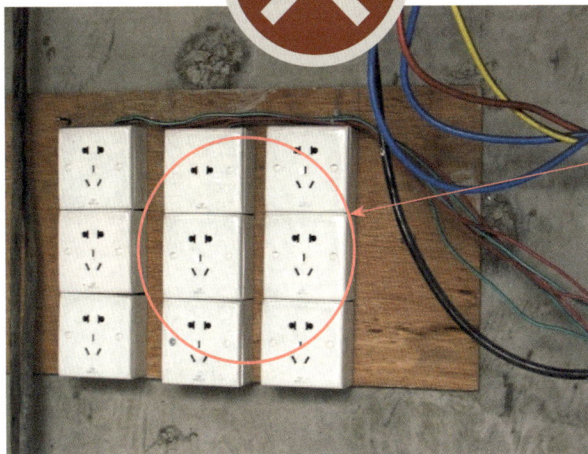

3 配电箱、开关箱的金属箱体、金属电器安装板以及箱内电器不应带电的金属底座、外壳等必须保护接零，保护零线通过接线端子板连接。

配电箱箱体接零，采用编织
软铜线与 PE 端子排相连

保护零线（PE 线）
采用黄绿双色线

配电箱柜门

配电箱体

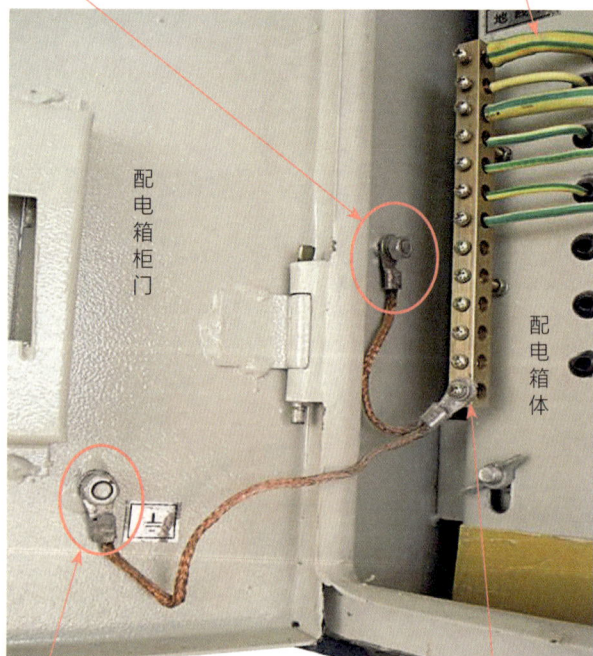

配电箱柜门接零，采用编织软
铜线与 PE 端子排或箱体相连

保护零线（PE 线）端子排

配电箱、开关箱箱体必须接地，无接地网的工作地点采用临时制作接地体的方式敷设接地体

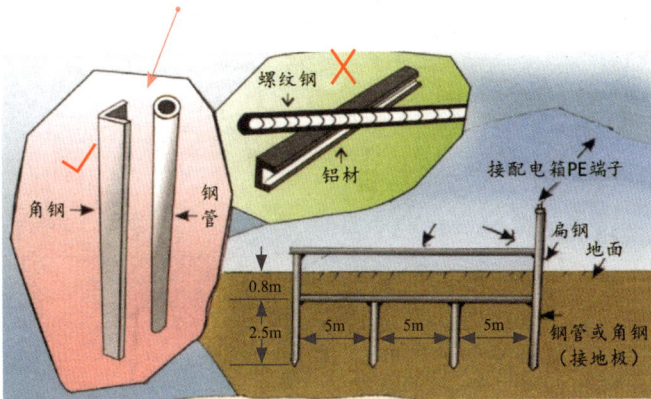

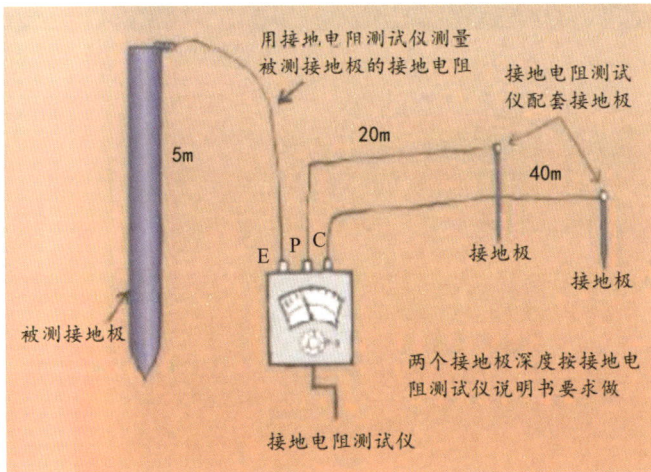

螺纹钢 ✗

铝材

角钢 ✓ 钢管

接配电箱PE端子

扁钢

地面

0.8m

2.5m

5m 5m 5m

钢管或角钢（接地极）

用接地电阻测试仪测量被测接地极的接地电阻

接地电阻测试仪配套接地极

5m

20m

40m

E P C

接地极

接地极

被测接地极

两个接地极深度按接地电阻测试仪说明书要求做

接地电阻测试仪

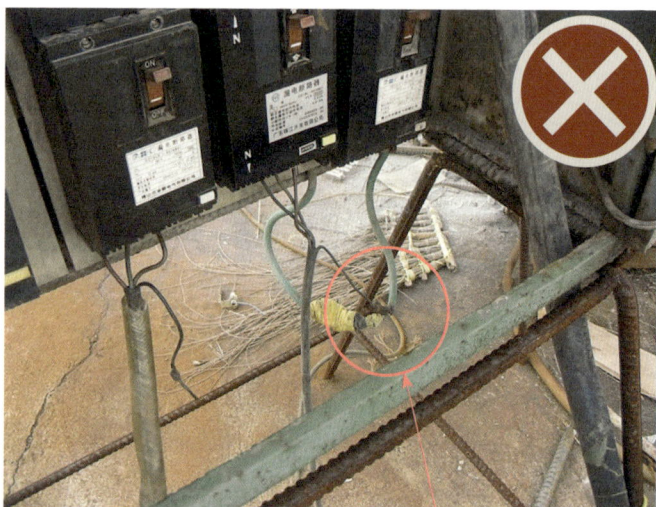

钢筋做接地线，不符合要求

4 配电箱内应整洁，不得放置工具等杂物。箱门应有锁，并用红色油漆喷上警示标语和危险标志，喷写配电箱分类编号。箱内应设有线路图，线路图清晰、命名完整。用电结束后必须拉闸断电，锁好箱门。

配电箱分类编号清晰

警示标志清晰

柜门挂锁封闭

配电箱箱体完整

配电箱内不得放置工具等杂物

❺ 电缆连接采用专用插座式接线方式，用电负荷电源线两端正确悬挂负荷信息牌，内容填写翔实。

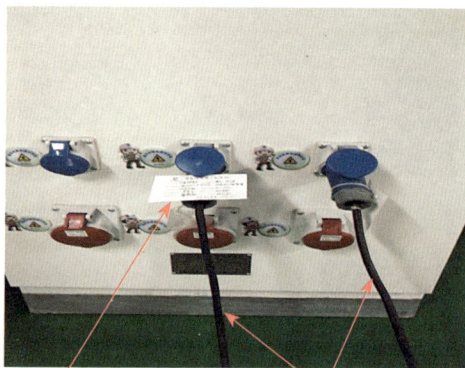

电源侧信息牌

电源接线

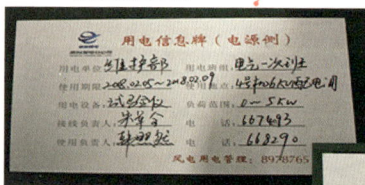

负荷侧信息牌

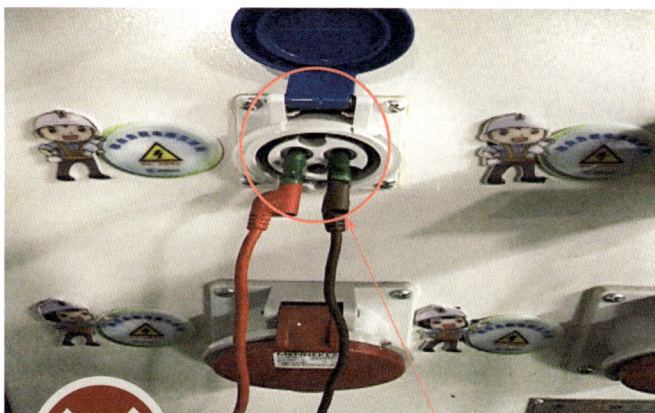

严禁将电线直接插入
插座内使用

直接用插线板外接设备，一箱多机，照明与动力电源混箱。没有隔离开关，没有区分线的颜色

电焊机没有电源防护罩，没有接保护零线

6 所有电气设备的金属外壳应有良好的接地装置。使用中不应将接地装置拆除或对其进行任何工作。

接地线为黄绿双色线
（横截面积不小于 2mm²）

接地端子
（螺栓压接）

接地体，连接在接地网上

电焊机

焊机外壳接地端

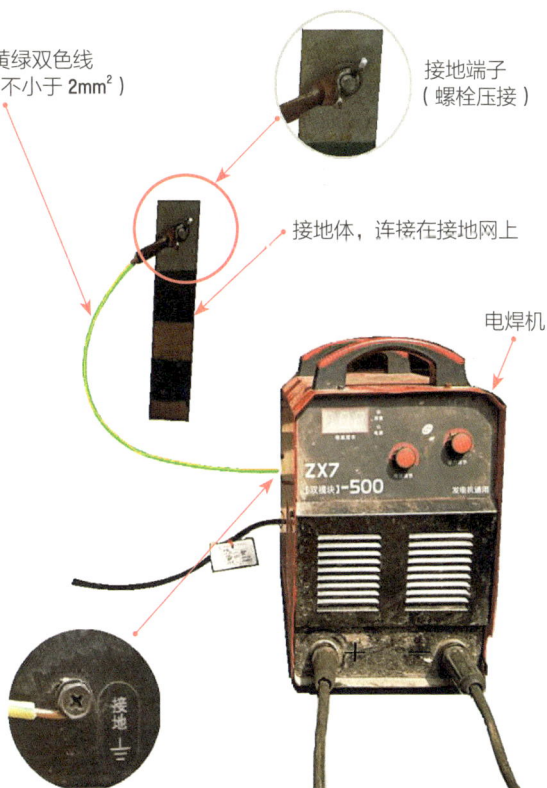

用电负荷的接地必须牢固连接在地网上，严禁利用格栅板、架子等接地。地线的连接应采用焊接、压接或螺接，严禁简单缠绕或勾挂

7 现场临时照明线路应相对固定，灯具的悬挂高度应不低于 2.5m（如低于 2.5m 时应设保护罩），并不得任意挪动。

临时照明灯具相对固定，悬挂高度不小于 **2.5m**

8 行灯的电压不得超过 36V，潮湿场所、金属容器及管道内的行灯电压不得超过 12V。行灯应有保护罩，其电源线应使用橡胶软电缆。

潮湿场所、金属容器内（如凝汽器）应使用 12V 行灯照明

橡胶软电缆　　　　　　　　行灯变压器

五　施工用电管理

　　施工电源实行申请、检查、验收、运行、竣工、拆除的全过程管理。

1 申请的临时电源和在检修电源箱内接线端子（非插座电源）接取电源，应办理临时电源（检修电源）使用申请，履行相关审批手续，并由具有电工资质的电气专业人员进行接线。在检修电源箱上专用的插座接取电源可由本单位或外委检修单位有一定电气知识的人员自行进行。

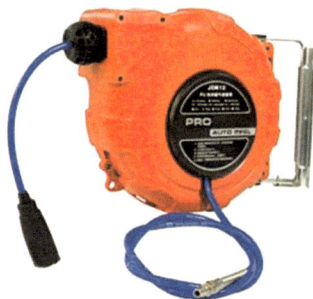

××公司临时电源使用申请单

申请单位填写	用电项目名称				
	申请容量		用电位置		
	申请部门		负责人		
	联系人		联系电话		
	计划用电时间				
	安全措施				
电源设备管辖部门、班组填写	核准容量		核准接线位置		
	临时电源管辖班组负责人		维护部点检		
	维护部电气主管		运行部电气主管		
	TA变比		电能表底数		
	实际接线时间		操作人员		
	实际拆除时间		操作人员		

使用注意事项:

1. 临时电源接入电源时的接、拆工作必须由电气专业人员操作。

2. 申请单位外接临时电源配置必须满足安全、技术、工艺要求。

3. 申请单位临时电源必须配有漏电保护器、电能计量装置,并有检验合格证。

4. 临时电源接地良好,室外临时电源防雨设施良好。

5. 申请单位临时导线必须使用橡胶电缆线,禁止使用其他导线。

6. 申请单位电源线拦设时,不得敷设在潮湿的地方,不得影响通道,同时该导线不会存在被外力使用损坏导线绝缘的可能(如车辆、设备、行人及其他物件等)。

7. 临时电源必须验收合格后方可使用。申请单位严禁用电负荷超过审批范围。

8. 申请单位不得超过允许使用的结束时间。

9. 临时电源使用结束后,申请单位负责人应及时告知电源设备管辖部门,及时拆除临时电源。

10. 临时电源搭接工作中需办理工作票的应及时办理工作票手续。

11. 临时用电单位应严格遵守风电(检修电源及临时电源管理标准)的规定,并接受风电有关部门的安全检查与考核。

❷ **电工必须按国家现行标准考核合格后，持证上岗工作。**

应急管理局核发的《特种作业操作证》，准操项目：低压电工作业

按照"安监总人事〔2018〕18号"明确的特种作业（电工）操作证目录，电工作业分为6个操作项目：低压电工作业、高压电工作业、电力电缆作业、继电保护作业、电气试验作业、防爆电气作业

建设主管部门核发的《建筑施工特种作业操作资格证》，操作类别：建筑电工

❸ 配电箱、开关箱表计、漏电保护器每月定期进行检测，并将检测结果粘贴在箱体内。

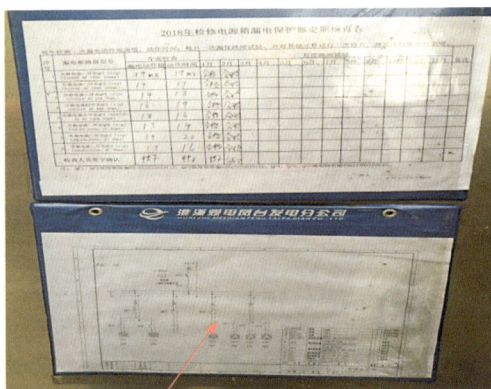

检测记录、线路图
完整，合格证齐全

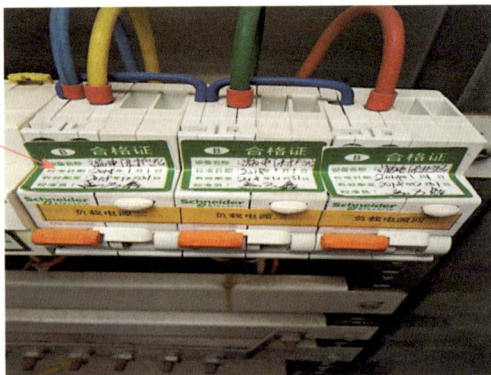

六　施工用电相关器件

1 检修电源插头。

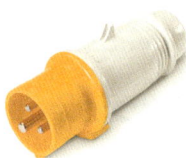

三相五芯插头　　　　单相三芯插头　　　　破损插头禁用

2 临时布线挂钩、接头、保护槽。

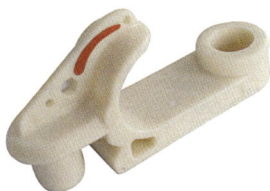

绝缘挂钩　　　　　　金属挂钩禁用

快速接头

错误接头

电缆保护槽

③ 临时照明。

行灯

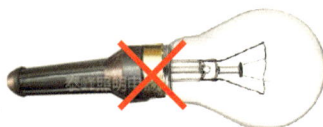

严禁使用 220V 灯具作为行灯使用

节能灯

严禁使用碘钨灯等
高耗能灯照明

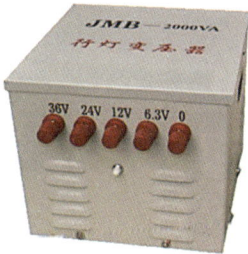

行灯电源必须使用双绕
组安全隔离变压器

行灯电源不得使用
自耦变压器

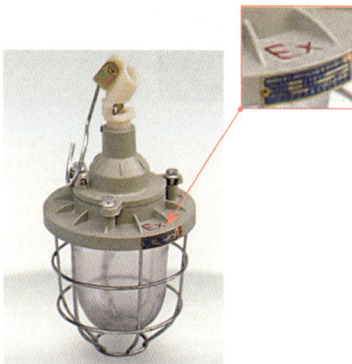

易燃易爆区应使用防爆
灯具作为临时照明

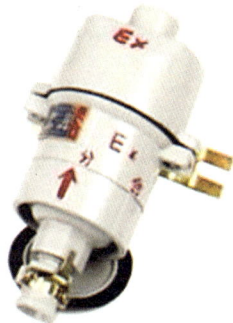

防爆接头

④ 漏电断路器。

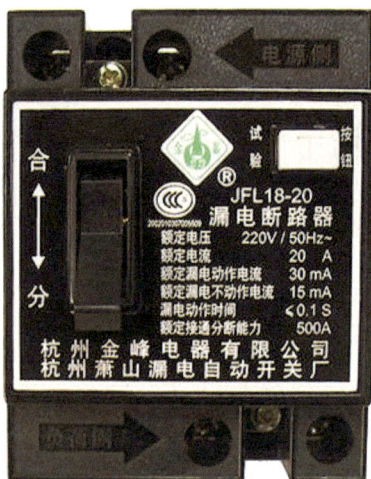

电力安全教育可视化手册

《扣件式钢管脚手架作业》 　　《高处作业》
《施工用电》 　　《电焊与气焊作业》
《起重作业》 　　《有限空间作业》
《常用电动工具使用》 　　《危险化学品作业》